Q軟的微波爐麵包，35分鐘輕鬆做！

─ 新手也能在家重現麵包店的好滋味

大坊香緒里
（だいぼうかおり）
著

前言

美味的麵包人見人愛。
「真想快點做好自製的麵包」
這是不少人都有過的念頭。

揉麵團、等待發酵，
放進烤箱烤，這些是做麵包的必要過程。
雖然這一連串的步驟是做麵包的樂趣，
沒時間的時候不免感到麻煩。

「很忙的時候，想要快點做好簡單的麵包！」
那麼，請試試本書介紹的微波爐麵包，
把材料放進耐熱容器拌勻加熱即可。

「沒時間做麵包，而且好像很難。」
如果你也這麼想，
本書的麵包應該會讓你覺得：
「這個我也許做得到！」

從「好想吃麵包」到「我要開動囉！」
轉眼間輕鬆完成！

微波爐麵包馬上就能做好，
還可變化出各種口味，
做過就會迷上。書中還有
簡單的整型麵包，
讓你體驗親手整型麵團的趣味。

希望各位閱讀本書後，能將做麵包這件事
融入日常生活之中。

　　　　　　大坊香緒里(だいぼうかおり)

微波爐麵包做起來就是如此簡單快速!

從「好想吃麵包」到「我要開動囉!」
如果是做杯子麵包,只需約35分鐘!整型麵包也只需約45分鐘!

原味杯子麵包

| START
秤量材料、事前準備 | → 10秒～20秒
在容器內倒入水和砂糖加熱混拌 | → 5分
加酵母粉 | → 30秒
加高筋麵粉、鹽、奶油拌勻 | → 20分～25分
靜置於接近肌膚溫度的熱水中使其發酵 | → 3分～3分30秒
拿掉蓋子加熱 | 約35分鐘即完成 |

500W 10秒～20秒　　200W30秒　　500W 3分～3分30秒

原味整型麵包

| START
秤量材料、事前準備 | → 20秒
在容器內倒入牛奶、奶油、砂糖加熱混拌 | → 20秒
用打蛋器攪溶奶油和砂糖 | → 5分
加酵母粉 | → 30秒
加高筋麵粉、鹽拌勻 | → 15分
靜置於接近肌膚溫度的熱水中使其發酵 | → 3分
按壓麵團擠出空氣蓋上濕布靜置醒麵(醒發時間) |

500W 20秒　　200W30秒

| → 3分
麵團整型放在烤盤紙上 | → 30秒
以200W加熱30秒 | → 15分
留在微波爐內使其發酵 | → 1分30秒～1分40秒
加熱 | 約45分鐘即完成 |

200W30秒　　500W 1分30秒～1分40秒

Q軟的微波爐麵包，35分鐘輕鬆做！
——新手也能在家重現麵包店的好滋味　目次

豐富多變的杯子麵包

成品圖／作法

杯子麵包的變化版

各式各樣的整型麵包

成品圖／作法

整型麵包的變化版

材料

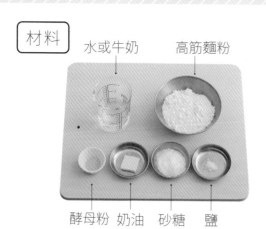

水或牛奶　高筋麵粉

酵母粉　奶油　砂糖　鹽

■ 高筋麵粉

製作麵包時，使麵團發酵的要角「蛋白質」含量高的麵粉。因為成分依商品而異，含水量也會有所改變。麵粉的鮮度很重要，請使用新鮮的麵粉，平時注意保存。

■ 水、牛奶

添加於麵團的水可使用自來水或礦泉水。製作整型麵包時請使用牛奶，這麼做是為了讓麵團好處理且增加風味。

■ 鹽、砂糖

雖然鹽的用量極少，卻是調味與促進麵團發酵不可或缺的存在，使用家中現有的鹽即可。除了為麵包增加甜味，砂糖也是酵母的營養來源，可幫助發酵，本書的砂糖是指上白糖。

■ 酵母粉

麵團發酵的必要材料，可直接混入麵粉的顆粒狀酵母粉。發酵時間或狀態依商品而異。受潮或放太久會影響麵團的膨脹，請盡量使用新品。

■ 奶油

基本上是使用無鹽奶油，奶油為麵包增添風味，使口感變好。

工具

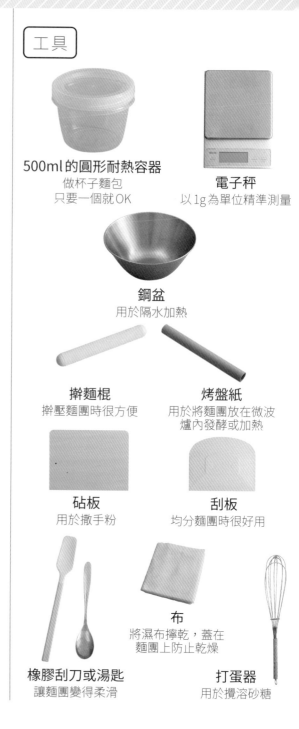

500ml的圓形耐熱容器
做杯子麵包
只要一個就OK

電子秤
以1g為單位精準測量

鋼盆
用於隔水加熱

擀麵棍
擀壓麵團時很方便

烤盤紙
用於將麵團放在微波爐內發酵或加熱

砧板
用於撒手粉

刮板
均分麵團時很好用

布
將濕布擰乾，蓋在麵團上防止乾燥

橡膠刮刀或湯匙
讓麵團變得柔滑

打蛋器
用於攪溶砂糖

使用微波爐時的注意事項

加熱時間換算表

500W	600W	700W	800W
10秒	8秒	7秒	6秒
20秒	16秒	14秒	12秒
30秒	25秒	21秒	18秒
1分	50秒	42秒	37秒
1分30秒	1分15秒	1分4秒	56秒
2分	1分40秒	1分25秒	1分15秒
3分	2分30秒	2分8秒	1分52秒
3分30秒	2分55秒	2分30秒	2分11秒

※ 請先確認家中微波爐的瓦數。

☑ 有無轉盤都OK！

本書是使用微波爐製作麵包，有無轉盤的機型皆可。但因為熱傳導的方式不同，擺放麵團時，請參照右圖。

☑ 200W是指？　發酵請選擇解凍功能

為了促進麵團發酵，以200W加熱。「我家的微波爐只有500W或600W」的人，請看看微波爐上應該有「解凍功能」。雖然會依廠商而異，「解凍功能」通常是200W左右。此外，能夠調整至150W或300W的話，請選擇150W。假如沒有200W或「解凍功能」，請以500W加熱12秒。

☑ 麵團的擺法依轉盤的有無而改變

由於加熱方式的不同，請配合機型依照圖片擺放。

有轉盤的機型	無轉盤的機型
沿著轉盤邊緣擺放	置中交錯擺放

發酵前

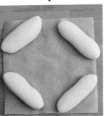

發酵後

完成

杯子麵包基本款　原味杯子麵包的作法

簡單樸素
吃不膩的好滋味

材料 口徑 10.5cm 的 500ml 耐熱容器 1 個的分量

高筋麵粉 ·· 100g
水 ·············· 85g (75～95g，依麵粉調整) ←
砂糖 ·· 5g
酵母粉 ·· 2g
鹽 ··· 1g
無鹽奶油 ·· 5g

事前準備

奶油置於室溫回軟。

■ 依麵粉調整的理由

高筋麵粉的吸水率 (可吸收多少水的比率)
依種類而異。通常外國麵粉的吸水率較
高，日本麵粉的吸水率較低。吸水率低的
麵粉容易產生黏性，所以要減少水量。

※水溫約25°C或夏季→10秒
冬季或冷水————→20秒

1

※500W 10秒～20秒

在耐熱容器內倒入水和砂糖，微波加熱(500W)10～20秒，取出後用打蛋器攪溶砂糖。

2

5分

待溫度降至接近肌膚後，加酵母粉混拌，靜置5分鐘。

3

200W30秒

接著加高筋麵粉、鹽、奶油，用橡皮刮刀或湯匙拌至無粉粒狀態。整平表面後，微波加熱(200W)30秒。

4

20分～25分

取出後，蓋上蓋子，放在溫暖的地方(也可放在裝了接近肌膚溫度的熱水的鋼盆內)，靜置20～25分鐘使其發酵。

5

500W 3分～3分30秒

拿掉蓋子，微波加熱(500W)3分鐘～3分30秒。

6

稍微放涼後，倒出冷卻。

整型麵包基本款 原味橄欖形餐包的作法

材料 4條

高筋麵粉	100g
┌ 牛奶	75g (65～85g，依麵粉調整)
A 無鹽奶油	5g
└ 砂糖	5g
酵母粉	1g
鹽	1g
高筋麵粉 (手粉)	適量

2 `5分鐘`

待溫度降至接近肌膚後，加酵母粉混拌，靜置5分鐘。

作法

1 `500W 20秒`

在耐熱容器內倒入A，微波加熱 (500W) 20秒，取出後用打蛋器攪溶奶油和砂糖。

3 `200W 30秒`

接著加高筋麵粉和鹽，用橡皮刮刀或湯匙拌至無粉粒狀態後，微波加熱 (200W) 30秒。

4

15分

取出後，蓋上蓋子，放在溫暖的地方（也可放在裝了接近肌膚溫度的熱水的鋼盆內），靜置15分鐘使其發酵。

8

3分鐘

收口朝下擺好，蓋上擰乾的濕布，靜置3分鐘。

12

用手掌搓滾成10cm的棒狀，放在烤盤紙上，剩餘麵團也是這樣處理。

此步驟至 12 是整型過程

5

按壓排氣

在砧板上撒些手粉後，取出麵團。麵團表面也撒些手粉，輕輕按壓，擠出空氣。

9

按壓排氣

收口朝上置於砧板，用手輕輕按壓，擠出空氣、壓扁麵團。

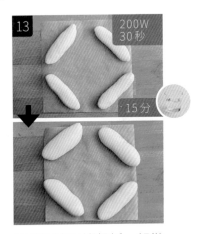

13

200W
30秒

15分

將麵團連同烤盤紙一起微波加熱（200W）30秒後，留在微波爐內15分鐘，使其發酵（為避免麵團變乾，請放一杯水）。

6

4等分

將麵團用刮板切成4等分（P.58～的整型麵包的分割數量會有所改變）。

10

1／3

把靠近自己的這一側往上摺1／3，按壓固定，再把另一側往下摺。

500W 1分30秒～1分40秒

14

取出杯子，再微波加熱（500W）1分30秒～1分40秒。

7

麵團表面往下捲收，使表面變得光滑後搓圓，用手指捏緊收口。

11

兩端對齊，用手指緊緊捏合。

11

整型麵包的種類

接下來介紹各種整型麵包的作法，基本上到P11的步驟 5 都相同。

 麵包捲

作法 （麵團分成4等分）

雙手搓滾麵團，搓成一端細、一端粗的水滴形。

將麵團置於砧板，用擀麵棍從中央往上下滾壓，壓成約25cm。

由長邊往短邊捲起，邊捲邊微微拉扯麵團。收口朝下，放在烤盤紙上，剩餘麵團也是這樣處理。

 小吐司

事前準備（麵團分成3等分）

在耐熱容器（約5.5×7.5×3cm）內鋪放烤盤紙。

作法

收口朝上置於砧板，用手輕輕按壓，擠出空氣、壓扁麵團。從靠近自己的這一側往上摺1/3，另一側也往下摺1/3（請參閱P.11的步驟 10）。

將麵團轉向90度，擺成長方形，用擀麵棍擀成12cm。

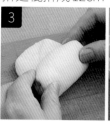 

從靠近自己的這一側往上捲，收口朝下，放入容器內，剩餘麵團也是這樣處理。

派克屋麵包

作法 （麵團分成4等分）

收口朝上置於砧板，用手輕輕按壓，
擠出空氣。

用擀麵棍擀成7×10cm的橢圓形。

對摺麵團，放在烤盤紙上，剩餘麵
團也是這樣處理。

麥穗麵包

作法 （麵團分成3等分）

1 收口朝上置於砧板，用手輕輕按
壓，擠出空氣。

用 擀 麵 棍 擀 成
7×16cm的橢圓
形。

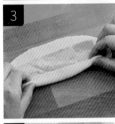

將 麵 團 轉 向90
度，擺 成 長 方
形，放上2片培
根，從靠近自己
的 這 一 側 往 上
捲。
捏緊收口，用手
掌搓滾整型。

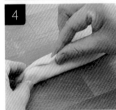

用剪刀在表面斜
剪5～6刀。

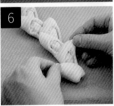

放在烤盤紙上，
把剪開的部分往
左右拉開，剩餘
麵團也是這樣處
理。

貝果

作法 （麵團分成4等分）

 1
收口朝上置於砧板，用手輕輕按壓，擠出空氣、壓扁麵團。

 2
從靠近自己的這一側往上摺1/3，另一側也往下摺1/3。

 3
兩端對齊，用手指緊緊捏合。

 4
用手掌搓滾成20cm的棒狀。

 5
按住一端壓扁。

 6
與另一端接合成圈狀，捏緊接合處，放在烤盤紙上，剩餘麵團也是這樣處理。

美乃滋火腿麵包

作法 （麵團分成4等分）

 1
收口朝上置於砧板，用手輕輕按壓，擠出空氣。

 2
用擀麵棍擀成直徑12cm的圓形。

 3
放上火腿，從靠近自己的這一側往上捲，捏合收口。

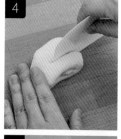 4
收口朝上、對摺，兩端對齊，保留交疊處，用刮板在對摺處中央劃一道切痕。

 5
將切痕往左右拉開，放在烤盤紙上，剩餘麵團也是這樣處理。

包餡麵包

1　收口朝上置於砧板，用手輕輕按壓。

2　用擀麵棍擀成直徑10cm的圓形，中央擺上餡料。

3　拉起麵團的上下左右包覆餡料。

4　抓起四角捏合，放在烤盤紙上，剩餘麵團也是這樣處理。

條狀麵包

作法

1　請參考P14貝果的步驟 1 ～ 3 。

（單結麵包）（麵團分成4等分）

2　用手掌搓滾成20cm的棒狀。

3　繞圈打1個結，放在烤盤紙上，剩餘麵團也是這樣處理。

（熱狗麵包）（麵團分成4等分）

2　用手掌搓滾成20cm的棒狀。

3　將麵團纏繞熱狗，捏緊頭尾兩端，放在烤盤紙上，剩餘麵團也是這樣處理。

（辮子麵包）（麵團分成3等分）

2　用手掌各自搓滾成28cm的棒狀。

3　將3條麵團排在一起，一端合併壓扁，編成辮子狀，捏合收尾處，放在烤盤紙上。

手撕麵包

作法 （麵團分成8等分）

收口朝上置於砧板，用手輕輕按壓，擠出空氣、壓扁麵團。

對摺並按壓麵團，再對摺、按壓。搓圓後，捏緊底部的收口。

13cm

剩餘麵團也是這樣處理，放在烤盤紙上，排成直徑13cm的花形。

肉桂捲

作法 （麵團不分割）

收口朝上置於砧板，用手輕輕按壓，擠出空氣。用擀麵棍擀開，邊擀邊拉出四角，整成15×20cm的長方形。

將麵團轉向90度，四邊保留些許空隙，均勻地撒上肉桂糖。

從靠近自己的這一側往上捲。

捏緊收口。

收口朝下，切成6等分。切口朝上，放入耐熱紙杯，輕輕按壓。

■注意事項

＊請正確秤量材料，少量的鹽和酵母粉也要精準秤量。

＊發酵時間會隨著氣候、氣溫、發酵場所等條件而改變，請參考書中的建議時間。多試做幾次，學會掌握適當的發酵狀態與時間。

＊酵母菌不耐熱，溫度太高就會死掉。水或牛奶務必調整至「接近肌膚的溫度」。家中有溫度計的話，請控制在35～37℃。

＊為了做出蓬鬆軟Q的麵包，混拌材料時要拌至無粉粒的柔滑狀態。製作整型麵包時或許會覺得不好拌勻，請出點力充分混拌。

＊麵團整型時容易黏手，所以要使用少量手粉（高筋麵粉）。不過，用太多會讓麵團變乾硬，這點請留意。

＊製作時間因人而異。

■建議的保存方法與吃法

做好麵包當天，一個小動作就能保留美味。基本上就是馬上冷凍保存！
因為微波爐麵包很容易變乾，吃不完的麵包完全放涼後，用保鮮膜包好（杯子麵包切成喜歡的厚度，單片分開包，整型麵包單個分開包）。做好後要吃之前，先用烤箱微烤便可感受到濃郁的麵包香。沒吃完的麵包用保鮮膜包好，裝入密封袋冷凍保存，盡可能在一週內吃完。

如何食用冷凍過的麵包

冷凍過的杯子麵包直接放進烤箱烤。整型麵包用鋁箔紙包好，放進烤箱烤5～10分鐘。待麵包內部變熱，拿掉鋁箔紙，將表面烤上色。

玉米麵包

香甜脆口的玉米粒，
佐餐超對味的麵包。

豐富多變的杯子麵包

芝麻麵包

玉米麵包

材料

口徑 10.5cm 的 500ml 耐熱容器 1 個的分量

高筋麵粉 ·· 100g
水 ············· 85g (75〜95g，依麵粉調整)
砂糖 ·· 5 g
酵母粉 ·· 2 g
鹽 ·· 1 g
無鹽奶油 ·· 5 g
玉米粒 ·· 30g

事前準備

奶油置於室溫回軟。

作法

1　在耐熱容器內倒入水和砂糖，微波加熱 (500W) 10〜20秒，取出後用打蛋器攪溶砂糖。

2　待溫度降至接近肌膚後，加酵母粉混拌，靜置5分鐘。

3　接著加高筋麵粉、鹽、奶油，用橡皮刮刀或湯匙拌至無粉粒狀態。

在此步驟加入玉米粒

4　加入玉米粒拌勻，整平表面後，微波加熱 (200W) 30秒。

5　取出後，蓋上蓋子，放在溫暖的地方 (也可放在裝了接近肌膚溫度的熱水的鋼盆內)，靜置20〜25分鐘使其發酵。

6　拿掉蓋子，微波加熱 (500W) 3分鐘〜3分30秒。

7　稍微放涼後，倒出冷卻。

芝麻麵包

材料

口徑10.5cm的500ml耐熱容器1個的分量

高筋麵粉 ································· 100g
水 ············ 85g（75～95g，依麵粉調整）
砂糖 ····································· 5g
酵母粉 ··································· 2g
鹽 ······································· 1g
無鹽奶油 ································· 5g
白芝麻 ··································· 5g

事前準備

奶油置於室溫回軟。

作法

1　在耐熱容器內倒入水和砂糖，微波加熱（500W）10～20秒，取出後用打蛋器攪溶砂糖。

2　待溫度降至接近肌膚後，加酵母粉混拌，靜置5分鐘。

3　接著加高筋麵粉、鹽、奶油，用橡皮刮刀或湯匙拌至無粉粒狀態。

> 在此步驟加入白芝麻

4　加入白芝麻拌勻，整平表面後，微波加熱（200W）30秒。

5　取出後，蓋上蓋子，放在溫暖的地方（也可放在裝了接近肌膚溫度的熱水的鋼盆內），靜置20～25分鐘使其發酵。

6　拿掉蓋子，微波加熱（500W）3分鐘～3分30秒。

7　稍微放涼後，倒出冷卻。

香料麵包

香料的香氣
令人食指大動。

起司麵包

可當餐點也可當點心。起司的風味隨著咀嚼在口中慢慢擴散。

香料麵包

口徑10.5cm的500ml耐熱容器1個的分量

高筋麵粉 ·· 100g
水 ················· 85g (75〜95g，依麵粉調整)
砂糖 ·· 5g
酵母粉 ·· 2g
鹽 ·· 1g
無鹽奶油 ·· 5g
咖哩粉或混合喜歡的香料 ······················· 2g

事前準備

奶油置於室溫回軟。

作法

1 在耐熱容器內倒入水和砂糖，微波
加熱 (500W) 10〜20秒，取出後用
打蛋器攪溶砂糖。

2 待溫度降至接近肌膚後，加酵母粉
混拌，靜置5分鐘。

在此步驟加入香料

3 接著加高筋麵粉、鹽、奶油、咖哩
粉或香料，用橡皮刮刀或湯匙拌至
無粉粒狀態。整平表面後，微波加
熱 (200W) 30秒。

4 取出後，蓋上蓋子，放在溫暖的地
方 (也可放在裝了接近肌膚溫度的
熱水的鋼盆內)，靜置20〜25分鐘
使其發酵。

5 拿掉蓋子，微波加熱 (500W) 3分鐘
〜3分30秒。

6 稍微放涼後，倒出冷卻。

起司麵包

材料

口徑 10.5cm 的 500ml 耐熱容器 1 個的分量

高筋麵粉 ································· 100g
水 ············· 85g (75〜95g，依麵粉調整)
砂糖 ····································· 5g
酵母粉 ··································· 2g
鹽 ······································· 1g
無鹽奶油 ································· 5g
起司粉 ··································· 5g

事前準備

奶油置於室溫回軟。

作法

1　在耐熱容器內倒入水和砂糖，微波
　　加熱 (500W) 10〜20秒，取出後用
　　打蛋器攪溶砂糖。

2　待溫度降至接近肌膚後，加酵母粉
　　混拌，靜置5分鐘。

3　接著加高筋麵粉、鹽、奶油，用橡
　　皮刮刀或湯匙拌至無粉粒狀態。

在此步驟加入起司粉

4　加入起司粉拌勻，整平表面後，微
　　波加熱 (200W) 30秒。

5　取出後，蓋上蓋子，放在溫暖的地
　　方 (也可放在裝了接近肌膚溫度的
　　熱水的鋼盆內)，靜置20〜25分鐘
　　使其發酵。

6　拿掉蓋子，微波加熱 (500W) 3分鐘
　　〜3分30秒。

7　稍微放涼後，倒出冷卻。

番茄麵包

用番茄汁和橄欖油
輕鬆做出義大利風。

方便好做的鹹麵包
讓早餐變得豐盛。

洋蔥火腿麵包

番茄麵包

材料

口徑10.5cm的500ml耐熱容器1個的分量

高筋麵粉 ··· 100g
無鹽番茄汁
　　············· 90g（80～100g，依麵粉調整）
砂糖 ··· 5g
酵母粉 ··· 2g
橄欖油 ··· 10g
鹽 ··· 1g

事前準備

番茄汁退冰至室溫。

作法

　　　　　　　　—開始就加番茄汁

1　在耐熱容器內倒入番茄汁和砂糖，
　　微波加熱（500W）10～20秒，取出
　　後用打蛋器攪溶砂糖。

2　待溫度降至接近肌膚後，加酵母粉
　　混拌，靜置5分鐘。

3　接著加橄欖油、高筋麵粉、鹽，用
　　橡皮刮刀或湯匙拌至無粉粒狀態。
　　整平表面後，微波加熱（200W）30
　　秒。
　　※先加橄欖油，粉料比較容易拌
　　　勻。

4　取出後，蓋上蓋子，放在溫暖的地
　　方（也可放在裝了接近肌膚溫度的
　　熱水的鋼盆內），靜置20～25分鐘
　　使其發酵。

5　拿掉蓋子，微波加熱（500W）3分鐘
　　～3分30秒。

6　稍微放涼後，倒出冷卻。

洋蔥火腿麵包

材料

口徑 10.5cm 的 500ml 耐熱容器 1 個的分量

高筋麵粉 ……………………………………… 100g
水 ⋯⋯ 80g (70～90g，依麵粉和洋蔥的水
　　分調整)
砂糖 ………………………………………… 5g
酵母粉 ……………………………………… 2g
鹽 …………………………………………… 1g
無鹽奶油 …………………………………… 5g
洋蔥 ……………………………… 1／4 個 (約 50g)
火腿片 ……………………………… 2 片 (約 20g)

事前準備

奶油置於室溫回軟。
洋蔥切成粗末，火腿片切成 5mm 丁狀。

作法

1　在耐熱容器內倒入水和砂糖，微波
　　加熱 (500W) 10～20 秒，取出後用
　　打蛋器攪溶砂糖。

2　待溫度降至接近肌膚後，加酵母粉
　　混拌，靜置 5 分鐘。

3　接著加高筋麵粉、鹽、奶油，用橡
　　皮刮刀或湯匙拌至無粉粒狀態。

　　在此步驟加入洋蔥末和火腿丁

4　加入洋蔥末和火腿丁拌勻，整平表
　　面後，微波加熱 (200W) 30 秒。

5　取出後，蓋上蓋子，放在溫暖的地
　　方 (也可放在裝了接近肌膚溫度的
　　熱水的鋼盆內)，靜置 20～25 分鐘
　　使其發酵。

6　拿掉蓋子，微波加熱 (500W) 3 分鐘
　　～3 分 30 秒。

7　稍微放涼後，倒出冷卻。

搭配義大利麵或蒜油蝦，
媲美餐廳等級的好滋味。

香草麵包

胡蘿蔔麵包

討厭蔬菜的孩子也會一吃再吃
的魔法麵包。

香草麵包

口徑10.5cm的500ml耐熱容器1個的分量

高筋麵粉 ································· 100g
水 ·············· 85g (75～95g，依麵粉調整)
砂糖 ································· 5g
酵母粉 ································· 2g
鹽 ································· 1g
無鹽奶油 ································· 5g
香草 (乾燥百里香、迷迭香等) ····· 1小匙

事前準備

奶油置於室溫回軟。

作法

1　在耐熱容器內倒入水和砂糖，微波加熱 (500W) 10～20秒，取出後用打蛋器攪溶砂糖。

2　待溫度降至接近肌膚後，加酵母粉混拌，靜置5分鐘。

　　　在此步驟加入香草

3　接著加高筋麵粉、鹽、奶油、香草，用橡皮刮刀或湯匙拌至無粉粒狀態。整平表面後，微波加熱 (200W) 30秒。

4　取出後，蓋上蓋子，放在溫暖的地方 (也可放在裝了接近肌膚溫度的熱水的鋼盆內)，靜置20～25分鐘使其發酵。

5　拿掉蓋子，微波加熱 (500W) 3分鐘～3分30秒。

6　稍微放涼後，倒出冷卻。

胡蘿蔔麵包

材料

口徑 10.5cm 的 500ml 耐熱容器 1 個的分量

高筋麵粉	100g
水	55g（45～65g，依麵粉和胡蘿蔔的水分調整）
砂糖	5g
酵母粉	2g
鹽	1g
無鹽奶油	5g
胡蘿蔔	50g

事前準備

奶油置於室溫回軟。
胡蘿蔔磨成泥。

作法

1　在耐熱容器內倒入水和砂糖，微波加熱（500W）10～20秒，取出後用打蛋器攪溶砂糖。

2　待溫度降至接近肌膚後，加酵母粉混拌，靜置5分鐘。

　　在此步驟加入胡蘿蔔泥

3　接著加高筋麵粉、鹽、奶油、胡蘿蔔泥，用橡皮刮刀或湯匙拌至無粉粒狀態。整平表面後，微波加熱（200W）30秒。

4　取出後，蓋上蓋子，放在溫暖的地方（也可放在裝了接近肌膚溫度的熱水的鋼盆內），靜置20～25分鐘使其發酵。

5　拿掉蓋子，微波加熱（500W）3分鐘～3分30秒。

6　稍微放涼後，倒出冷卻。

雜糧麵包

雜糧的香氣與口感
令人欲罷不能。

蜂蜜麵包

溫潤香甜的滋味，很適合在想放鬆的時候嚐一嚐。

雜糧麵包

材料

口徑10.5cm的500ml耐熱容器1個的分量

高筋麵粉 ⋯⋯⋯⋯⋯⋯⋯⋯⋯⋯⋯⋯⋯ 100g
水 ⋯⋯⋯⋯⋯ 85g (75～95g，依麵粉調整)
砂糖 ⋯⋯⋯⋯⋯⋯⋯⋯⋯⋯⋯⋯⋯⋯⋯⋯ 5g
酵母粉 ⋯⋯⋯⋯⋯⋯⋯⋯⋯⋯⋯⋯⋯⋯⋯ 2g
鹽 ⋯⋯⋯⋯⋯⋯⋯⋯⋯⋯⋯⋯⋯⋯⋯⋯⋯ 1g
無鹽奶油 ⋯⋯⋯⋯⋯⋯⋯⋯⋯⋯⋯⋯⋯ 5g
市售綜合雜糧 ⋯⋯⋯⋯⋯⋯⋯⋯⋯⋯ 20g

事前準備

奶油置於室溫回軟。
綜合雜糧放入滾水中煮約5分鐘，徹底
瀝乾水分。

作法

1　在耐熱容器內倒入水和砂糖，微波
　　加熱 (500W) 10～20秒，取出後用
　　打蛋器攪溶砂糖。

2　待溫度降至接近肌膚後，加酵母粉
　　混拌，靜置5分鐘。

3　接著加高筋麵粉、鹽、奶油，用橡
　　皮刮刀或湯匙拌至無粉粒狀態。

　　　　　在此步驟加入雜糧

4　加入雜糧拌勻，整平表面後，微波
　　加熱 (200W) 30秒。

5　取出後，蓋上蓋子，放在溫暖的地
　　方 (也可放在裝了接近肌膚溫度的
　　熱水的鋼盆內)，靜置20～25分鐘
　　使其發酵。

6　拿掉蓋子，微波加熱 (500W) 3分鐘
　　～3分30秒。

7　稍微放涼後，倒出冷卻。

蜂蜜麵包

口徑10.5cm的500ml耐熱容器1個的分量

高筋麵粉 ··· 100g
水 ············· 75g (65〜85g，依麵粉調整)
蜂蜜······15g (步驟1用10g、步驟4用5g)
酵母粉 ·· 2g
鹽 ·· 1g
無鹽奶油 ·· 10g

事前準備

奶油置於室溫回軟。

作法

> 蜂蜜分2次加入
> 在此步驟加入10g

1　在耐熱容器內倒入水和蜂蜜10g，
　　微波加熱 (500W) 10〜20秒，取出
　　後用打蛋器攪溶蜂蜜。

2　待溫度降至接近肌膚後，加酵母粉
　　混拌，靜置5分鐘。

3　接著加高筋麵粉、鹽、奶油，用橡
　　皮刮刀或湯匙拌至無粉粒狀態。

> 在此步驟加入剩下的蜂蜜

4　加入剩下的蜂蜜，用竹籤等物輕輕
　　混拌，整平表面後，微波加熱
　　(200W) 30秒。

5　取出後，蓋上蓋子，放在溫暖的地
　　方 (也可放在裝了接近肌膚溫度的
　　熱水的鋼盆內)，靜置20〜25分鐘
　　使其發酵。

6　拿掉蓋子，微波加熱 (500W) 3分鐘
　　〜3分30秒。

7　稍微放涼後，倒出冷卻。

紅茶麵包

只要有茶包，馬上就能
做出芳香濃郁的麵包。

當成解饞小點心，或是
搭配熱呼呼的燉菜都很棒。

核桃麵包

紅茶麵包

口徑10.5cm的500ml耐熱容器1個的分量

高筋麵粉 ⋯⋯⋯⋯⋯⋯⋯⋯⋯⋯⋯⋯⋯ 100g
水 ⋯⋯⋯⋯⋯ 85g (75～95g，依麵粉調整)
砂糖 ⋯⋯⋯⋯⋯⋯⋯⋯⋯⋯⋯⋯⋯⋯⋯ 15g
酵母粉 ⋯⋯⋯⋯⋯⋯⋯⋯⋯⋯⋯⋯⋯⋯ 2g
鹽 ⋯⋯⋯⋯⋯⋯⋯⋯⋯⋯⋯⋯⋯⋯⋯⋯ 1g
無鹽奶油 ⋯⋯⋯⋯⋯⋯⋯⋯⋯⋯⋯⋯⋯ 10g
紅茶葉 (茶包) ⋯⋯⋯⋯⋯⋯⋯⋯⋯⋯⋯ 2g

事前準備

奶油置於室溫回軟。

作法

1 在耐熱容器內倒入水和砂糖，微波加熱 (500W) 10～20秒，取出後用打蛋器攪溶砂糖。

2 待溫度降至接近肌膚後，加酵母粉混拌，靜置5分鐘。

> 在此步驟加入紅茶葉

3 接著加高筋麵粉、鹽、奶油、紅茶葉，用橡皮刮刀或湯匙拌至無粉粒狀態。整平表面後，微波加熱 (200W) 30秒。

4 取出後，蓋上蓋子，放在溫暖的地方 (也可放在裝了接近肌膚溫度的熱水的鋼盆內)，靜置20～25分鐘使其發酵。

5 拿掉蓋子，微波加熱 (500W) 3分鐘～3分30秒。

6 稍微放涼後，倒出冷卻。

核桃麵包

材料

口徑10.5cm的500ml耐熱容器1個的分量

高筋麵粉 ·································· 100g
水 ············· 85g (75〜95g，依麵粉調整)
砂糖 ···································· 15g
酵母粉 ···································· 2g
鹽 ······································ 1g
無鹽奶油 ································· 10g
原味核桃 ································· 30g

事前準備

奶油置於室溫回軟。
核桃大略切碎。

作法

1　在耐熱容器內倒入水和砂糖，微波
　加熱 (500W) 10〜20秒，取出後用
　打蛋器攪溶砂糖。

2　待溫度降至接近肌膚後，加酵母粉
　混拌，靜置5分鐘。

3　接著加高筋麵粉、鹽、奶油，用橡
　皮刮刀或湯匙拌至無粉粒狀態。

　　在此步驟加入核桃

4　加入核桃拌勻，整平表面後，微波
　加熱 (200W) 30秒。

5　取出後，蓋上蓋子，放在溫暖的地
　方 (也可放在裝了接近肌膚溫度的
　熱水的鋼盆內)，靜置20〜25分鐘
　使其發酵。

6　拿掉蓋子，微波加熱 (500W) 3分鐘
　〜3分30秒。

7　稍微放涼後，倒出冷卻。

只要有果醬就能做，
藍莓的顏色和香氣誘發食慾。

藍莓麵包

芝麻地瓜麵包

想配紅茶或日本茶
一起吃的懷舊好滋味。

藍莓麵包

口徑10.5cm的500ml耐熱容器1個的分量

高筋麵粉 ···································· 100g
水 ············ 75g (65～85g，依麵粉和果醬
　　　　　的水分調整)
砂糖 ··· 10g
酵母粉 ······································· 2 g
藍莓果醬 ····································· 15g
鹽 ··· 1 g
無鹽奶油 ····································· 10g

事前準備

奶油置於室溫回軟。

作法

1　在耐熱容器內倒入水和砂糖，微波
　　加熱 (500W) 10～20秒，取出後用
　　打蛋器攪溶砂糖。

2　待溫度降至接近肌膚後，加酵母粉
　　混拌，靜置5分鐘。

　　　　　在此步驟加入藍莓果醬

3　接著加果醬、高筋麵粉、鹽、奶
　　油，用橡皮刮刀或湯匙拌至無粉粒
　　狀態。整平表面後，微波加熱
　　(200W) 30秒。

4　取出後，蓋上蓋子，放在溫暖的地
　　方 (也可放在裝了接近肌膚溫度的
　　熱水的鋼盆內)，靜置20～25分鐘
　　使其發酵。

5　拿掉蓋子，微波加熱 (500W) 3分鐘
　　～3分30秒。

6　稍微放涼後，倒出冷卻。

芝麻地瓜麵包

口徑 10.5cm 的 500ml 耐熱容器 1 個的分量

高筋麵粉 ·· 100g
水 ············· 90g (80〜100g，依麵粉調整)
砂糖 ·· 15g
酵母粉 ·· 2g
鹽 ·· 1g
無鹽奶油 ·· 10g
黑芝麻 ·· 3g
地瓜 ·· 60g

事前準備

奶油置於室溫回軟。
地瓜去皮後，切成 1cm 塊狀，稍微泡水後，用保鮮膜包好。
放進微波爐 (500W) 加熱 40〜50 秒，取出放涼。

作法

1　在耐熱容器內倒入水和砂糖，微波加熱 (500W) 10〜20 秒，取出後用打蛋器攪溶砂糖。

2　待溫度降至接近肌膚後，加酵母粉混拌，靜置 5 分鐘。

3　接著加高筋麵粉、鹽、奶油，用橡皮刮刀或湯匙拌至無粉粒狀態。

在此步驟加入黑芝麻和地瓜

4　加入黑芝麻和地瓜拌勻，整平表面後，微波加熱 (200W) 30 秒。

5　取出後，蓋上蓋子，放在溫暖的地方 (也可放在裝了接近肌膚溫度的熱水的鋼盆內)，靜置 20〜25 分鐘使其發酵。

6　拿掉蓋子，微波加熱 (500W) 3 分鐘〜3 分 30 秒。

7　稍微放涼後，倒出冷卻。

大家都愛的口味，
想吃就能馬上做。

葡萄乾麵包

可可麵包

大人小孩都喜歡的
可可加巧克力的香濃麵包。

葡萄乾麵包

材料

口徑10.5cm的500ml耐熱容器1個的分量

高筋麵粉 ……………………………………………… 100g
水 …………… 85g (75～95g，依麵粉調整)
砂糖 …………………………………………………… 15g
酵母粉 …………………………………………………… 2g
鹽 ……………………………………………………… 1g
無鹽奶油 ………………………………………………… 10g
葡萄乾 …………………………………………………… 30g

事前準備

奶油置於室溫回軟。
葡萄乾泡熱水後徹底瀝乾水分，
較大顆的葡萄乾對半切開。

作法

1　在耐熱容器內倒入水和砂糖，微波
　　加熱 (500W) 10～20秒，取出後用
　　打蛋器攪溶砂糖。

2　待溫度降至接近肌膚後，加酵母粉
　　混拌，靜置5分鐘。

3　接著加高筋麵粉、鹽、奶油，用橡
　　皮刮刀或湯匙拌至無粉粒狀態。

在此步驟加入葡萄乾

4　加入葡萄乾拌勻，整平表面後，微
　　波加熱 (200W) 30秒。

5　取出後，蓋上蓋子，放在溫暖的地
　　方 (也可放在裝了接近肌膚溫度的
　　熱水的鋼盆內)，靜置20～25分鐘
　　使其發酵。

6　拿掉蓋子，微波加熱 (500W) 3分鐘
　　～3分30秒。

7　稍微放涼後，倒出冷卻。

可可麵包

材料

口徑 10.5cm 的 500ml 耐熱容器 1 個的分量

高筋麵粉 ··· 100g
水 ················· 85g (75〜95g，依麵粉調整)
砂糖 ··· 10g
酵母粉 ······································· 2g
鹽 ··· 1g
無鹽奶油 ··································· 10g
可可粉 ······································· 5g
巧克力 ····································· 20g

事前準備

奶油置於室溫回軟。
巧克力切成 1cm 塊狀。

作法

1　在耐熱容器內倒入水和砂糖，微波
　　加熱 (500W) 10〜20秒，取出後用
　　打蛋器攪溶砂糖。

2　待溫度降至接近肌膚後，加酵母粉
　　混拌，靜置 5 分鐘。

> 在此步驟加入可可粉

3　接著加高筋麵粉、鹽、奶油、可可
　　粉，用橡皮刮刀或湯匙拌至無粉粒
　　狀態。

> 在此步驟加入巧克力

4　加入巧克力拌勻，整平表面後，微
　　波加熱 (200W) 30秒。

5　取出後，蓋上蓋子，放在溫暖的地
　　方 (也可放在裝了接近肌膚溫度的
　　熱水的鋼盆內)，靜置 20〜25分鐘
　　使其發酵。

6　拿掉蓋子，微波加熱 (500W) 3分鐘
　　〜3分 30秒。

7　稍微放涼後，倒出冷卻。

黑豆麵包

重現京都和果子
濃郁風味的麵包。

蘋果麵包

黑豆麵包

口徑10.5cm的500ml耐熱容器1個的分量

高筋麵粉 ···································· 100g
水 ············· 85g（75～95g，依麵粉調整）
砂糖 ·· 10g
酵母粉 ·· 2 g
鹽 ··· 1 g
無鹽奶油 ······································ 10g
黑豆（煮豆）·································· 30g

事前準備

奶油置於室溫回軟。

作法

1　在耐熱容器內倒入水和砂糖，微波
　　加熱（500W）10～20秒，取出後用
　　打蛋器攪溶砂糖。

2　待溫度降至接近肌膚後，加酵母粉
　　混拌，靜置5分鐘。

3　接著加高筋麵粉、鹽、奶油，用橡
　　皮刮刀或湯匙拌至無粉粒狀態。

在此步驟加入黑豆

4　加入黑豆拌勻，整平表面後，微波
　　加熱（200W）30秒。

5　取出後，蓋上蓋子，放在溫暖的地
　　方（也可放在裝了接近肌膚溫度的
　　熱水的鋼盆內），靜置20～25分鐘
　　使其發酵。

6　拿掉蓋子，微波加熱（500W）3分鐘
　　～3分30秒。

7　稍微放涼後，倒出冷卻。

蘋果麵包

材料

口徑10.5cm的500ml耐熱容器1個的分量

高筋麵粉 ··· 100g
水 ·············· 80g（70〜90g，依麵粉調整）
砂糖 ··· 10g
酵母粉 ·· 2g
鹽 ·· 1g
無鹽奶油 ··· 10g
蘋果 ··· 1/2個
┌ 奶油 ·· 5g
│ 砂糖 ·· 5g
A│ 蜂蜜 ··· 10g
└ 檸檬汁 ··· 少許

事前準備

奶油置於室溫回軟。
蘋果洗淨切成4等分半月形。去芯，一半去皮，一半保留果皮，全部切成5mm寬。放入耐熱容器加A混拌，輕輕覆蓋保鮮膜，微波加熱（500W）2分鐘。取出拌一拌，再加熱2分鐘後放涼。

作法

1　在耐熱容器內倒入水和砂糖，微波加熱（500W）10〜20秒，取出後用打蛋器攪溶砂糖。

2　待溫度降至接近肌膚後，加酵母粉混拌，靜置5分鐘。

3　接著加高筋麵粉、鹽、奶油，用橡皮刮刀或湯匙拌至無粉粒狀態。

　　在此步驟加入蘋果

4　加入蘋果拌勻，整平表面後，微波加熱（200W）30秒。

5　取出蓋上蓋子，放在溫暖處（也可放在裝了接近肌膚溫度的熱水的鋼盆內），靜置20〜25分鐘使其發酵。

6　拿掉蓋子，微波加熱（500W）3分鐘〜3分30秒。

7　稍微放涼後，倒出冷卻。

杯子麵包
的變化版

火腿起司三明治

法式吐司

將麵包烤上色
讓味道變得更豐富。

3種法式開放式三明治（tartiner）

蘋果起司
生火腿
開放式三明治

鬆軟的麵包很好吃，
烤到香酥更美味。

鮮蝦綠花椰
開放式三明治

水果巧克力
鮮奶油開放式三明治

杯子麵包的 變化版

火腿起司三明治

材料 2人份

喜歡的杯子麵包 ················4片 (1.5cm厚)
芥末籽醬 ·································適量
白醬 ·····································100g
火腿片 ···································2片
披薩用起司絲 ····························40g

作法

1 在2片麵包上塗抹芥末籽醬、1/6 量的白醬，放上火腿。

2 剩下的2片麵包塗抹1/6量的白醬，塗抹白醬的那一面蓋在1的麵包上。

3 把剩下的白醬塗抹在第2片麵包上，放上起司絲。

4 移入烤盤，放進烤箱烤5～6分鐘，烤至內部變熱、表面上色。覺得快烤焦的話，請蓋上鋁箔紙。

法式吐司

材料

喜歡的杯子麵包 ········2片 (3cm厚)
┌ 蛋液 ·····························1顆的量
│ 牛奶 ······························50ml
A 砂糖 ·····························1大匙
└ 肉桂粉 (依個人喜好添加) ·········適量
奶油 (選擇喜歡的種類) ···············20g
糖粉 ·····································適量
楓糖漿或蜂蜜 ··························適量
薄荷葉 ···································適量

作法

1 在鋼盆內倒入A拌勻。

2 把1和麵包放在托盤靜置片刻，使麵包充分吸收蛋液。中途記得翻面。

3 平底鍋內放奶油加熱，擺入2煎至兩面上色。

4 盛盤，撒上糖粉，建議放薄荷葉裝飾。淋上楓糖漿享用。

3種法式開放式三明治

材料 喜歡的杯子麵包 ⋯⋯⋯⋯⋯ 3片（1.5cm厚）

鮮蝦綠花椰 開放式三明治

奶油起司 ⋯⋯⋯⋯⋯⋯⋯⋯ 30g
（置於室溫回軟）
綠花椰菜（用鹽水煮軟）
⋯⋯⋯⋯⋯⋯⋯⋯⋯ 2〜3小朵
蝦子 ⋯⋯⋯⋯⋯⋯⋯⋯⋯ 2隻
橄欖油 ⋯⋯⋯⋯⋯⋯⋯ 1/2小匙
蒜泥 ⋯⋯⋯⋯⋯⋯⋯⋯⋯ 少許
鹽、胡椒 ⋯⋯⋯⋯⋯⋯ 各適量

作法

1 麵包放進烤箱烤。

2 在鋼盆內放奶油起司和綠花椰菜，邊拌邊把花椰菜分成小塊，以鹽、胡椒調味。

3 蝦子去除殼和腸泥，對半切開。

4 平底鍋內倒入橄欖油和蒜泥加熱，蝦子下鍋炒。炒至變色，以鹽、胡椒調味。

5 將2、4依序擺在麵包上。

蘋果起司 生火腿 開放式三明治

奶油 ⋯⋯⋯⋯⋯⋯⋯⋯⋯ 適量
蘋果 ⋯⋯⋯⋯⋯⋯⋯⋯⋯ 1/8個
卡門貝爾起司 ⋯⋯⋯⋯⋯ 1/6個
生火腿 ⋯⋯⋯⋯⋯⋯⋯⋯ 1片
粉紅胡椒 ⋯⋯⋯⋯⋯⋯⋯ 適量

作法

1 麵包放進烤箱烤，塗上奶油。

2 蘋果洗淨、去芯，連皮切成2等分的半月形塊狀。起司也切成2等分。

3 將蘋果、起司、生火腿依序擺在麵包上，最後撒些粉紅胡椒。

水果巧克力 鮮奶油 開放式三明治

喜歡的水果 ⋯⋯⋯⋯⋯⋯ 適量
鮮奶油 ⋯⋯⋯⋯⋯⋯⋯⋯ 適量
板狀巧克力 ⋯⋯⋯⋯⋯⋯ 適量

作法

1 麵包放進烤箱烤。

2 水果切成適口大小。

3 將板狀巧克力、鮮奶油、水果依序擺在麵包上。

口袋麵包

擀扁即可的簡單麵包。
夾入各種餡料，享受多重美味。

各式各樣的整型麵包

濃郁的奶油風味之中，
岩鹽的存在大加分。

鹽可頌

口袋麵包 ▶在步驟10整型

※ 整型步驟以☆標示 (後文皆同)。

材料 4片

高筋麵粉 ························· 100g
A ┌ 牛奶 ······ 75g (65〜85g,依麵粉調整)
  └ 砂糖 ·························· 5g
酵母粉 ·························· 1g
橄欖油 ·························· 5g
鹽 ····························· 1g
高筋麵粉 (手粉) ················· 適量

作法

1 在耐熱容器內倒入A,微波加熱 (500W) 20秒,取出後用打蛋器攪溶砂糖。

2 待溫度降至接近肌膚的溫度後,加酵母粉混拌,靜置5分鐘。

3 接著加橄欖油、高筋麵粉、鹽,用橡皮刮刀或湯匙拌至無粉粒狀態後,微波加熱 (200W) 30秒。

4 取出後,蓋上蓋子,放在溫暖的地方 (也可放在裝了接近肌膚溫度的熱水的鋼盆內),靜置15分鐘使其發酵。

5 在砧板上撒些手粉後,取出麵團。麵團表面也撒些手粉,輕輕按壓,擠出空氣。

6 將麵團用刮板切成4等分。

7 麵團表面往下捲收,使表面變得光滑後搓圓,用手指捏緊收口。

8 收口朝下擺好,蓋上擰乾的濕布,靜置3分鐘。

9 收口朝上置於砧板,用手輕輕按壓,擠出空氣、壓扁麵團。

☆10 用擀麵棍擀成直徑10cm的圓形,放在烤盤紙上,剩餘麵團也是這樣處理。

11 將麵團連同烤盤紙一起微波加熱 (200W) 30秒後,留在微波爐內15分鐘,使其發酵 (為避免麵團變乾,請放一杯水)。

12 取出杯子,再微波加熱 (500W) 1分30秒〜1分40秒。

鹽可頌 ▶整型成麵包捲 (P.12)

材料 4個

高筋麵粉 ·························· 100g
　┌ 牛奶 ······ 75g (65～85g，依麵粉調整)
A │ 無鹽奶油 ·························· 10g
　└ 砂糖 ·························· 5g
酵母粉 ·························· 1g
鹽 ·························· 1g
有鹽奶油 (內餡用) ·················· 12g
岩鹽 ·························· 適量
高筋麵粉 (手粉) ·················· 適量

事前準備

內餡用的奶油切成4等分 (1cm×3cm)
後，放進冰箱冷藏備用。

作法

1　在耐熱容器內倒入A，微波加熱
　(500W) 20秒，取出後用打蛋器攪
　溶奶油和砂糖。

2　待溫度降至接近肌膚的溫度後，加
　酵母粉混拌，靜置5分鐘。

3　接著加高筋麵粉、鹽，用橡皮刮刀
　或湯匙拌至無粉粒狀態後，微波加
　熱 (200W) 30秒。

4　取出後，蓋上蓋子，放在溫暖的地
　方 (也可放在裝了接近肌膚溫度的
　熱水的鋼盆內)，靜置15分鐘使其
　發酵。

5　在砧板上撒些手粉後，取出麵團。
　麵團表面也撒些手粉，輕輕按壓，
　擠出空氣。

6　將麵團用刮板切成4等分。

7　麵團表面往下捲收，使表面變得光
　滑後搓圓，用手指捏緊收口。

8　收口朝下擺好，蓋上擰乾的濕布，
　靜置3分鐘。

9　把麵團整型成麵包捲 (請參閱
　P.12)，步驟3由長邊往短邊捲起
　時，把奶油放在中間捲。

10　將麵團連同烤盤紙一起微波加熱
　(200W) 30秒後，留在微波爐內15
　分鐘，使其發酵 (為避免麵團變乾，
　請放一杯水)。

11　取出杯子，再微波加熱 (500W) 1分
　30秒～1分40秒。

12　取出麵包，用溶化的奶油均勻刷塗
　整體，擺上岩鹽。

香濃小吐司

添加鮮奶油，風味豐厚的麵包。
做好後請趁熱品嚐。

刈包

口感鬆軟，夾入重口味的配
料大口享受。

香濃小吐司 ▶整型成小吐司 (P.12)

材料 約5.5×7.5×3cm的耐熱容器3個

高筋麵粉 ························· 100g

A ┌ 鮮奶油 ······················· 40g
  │ 牛奶 ····· 30g ((20～40g,依麵粉調整)
  │ 無鹽奶油 ···················· 10g
  └ 砂糖 ························· 5g

酵母粉 ·························· 1g
鹽 ···························· 1g
高筋麵粉 (手粉) ················· 適量

事前準備

在耐熱容器內鋪入烤盤紙。

作法

1　在耐熱容器內倒入A,微波加熱 (500W) 20秒,取出後用打蛋器攪溶奶油和砂糖。

2　待溫度降至接近肌膚的溫度後,加酵母粉混拌,靜置5分鐘。

3　接著加高筋麵粉、鹽,用橡皮刮刀或湯匙拌至無粉粒狀態後,微波加熱 (200W) 30秒。

4　取出後,蓋上蓋子,放在溫暖的地方 (也可放在裝了接近肌膚溫度的熱水的鋼盆內),靜置15分鐘使其發酵。

5　在砧板上撒些手粉後,取出麵團。麵團表面也撒些手粉,輕輕按壓,擠出空氣。

6　將麵團用刮板切成3等分。

7　麵團表面往下捲收,使表面變得光滑後搓圓,用手指捏緊收口。

8　收口朝下擺好,蓋上擰乾的濕布,靜置3分鐘。

9　把麵團整型成小吐司 (請參閱 P.12)。

10　將麵團連同烤盤紙一起微波加熱 (200W) 30秒後,留在微波爐內15分鐘,使其發酵 (為避免麵團變乾,請放一杯水)。

11　取出杯子,再微波加熱 (500W) 1分50秒～2分鐘。

刈包 ▶整型成派克屋麵包 (P.13)

材料 4個

高筋麵粉 ······ 100g

A
┌ 牛奶 ······ 70g (60〜80g，依麵粉調整)
│ 太白芝麻油或沙拉油 ······ 5g
└ 砂糖 ······ 5g

酵母粉 ······ 1g

鹽 ······ 1g

高筋麵粉 (手粉) ······ 適量

作法

1 在耐熱容器內倒入A，微波加熱 (500W) 20秒，取出後用打蛋器攪溶砂糖。

2 待溫度降至接近肌膚的溫度後，加酵母粉混拌，靜置5分鐘。

3 接著加高筋麵粉、鹽，用橡皮刮刀或湯匙拌至無粉粒狀態後，微波加熱 (200W) 30秒。

4 取出後，蓋上蓋子，放在溫暖的地方 (也可放在裝了接近肌膚溫度的熱水的鋼盆內)，靜置15分鐘使其發酵。

5 在砧板上撒些手粉後，取出麵團。麵團表面也撒些手粉，輕輕按壓，擠出空氣。

6 將麵團用刮板切成4等分。

7 麵團表面往下捲收，使表面變得光滑後搓圓，用手指捏緊收口。

8 收口朝下擺好，蓋上擰乾的濕布，靜置3分鐘。

9 ☆ 把麵團整型成派克屋麵包 (請參閱 P.13)。

10 將麵團連同烤盤紙一起微波加熱 (200W) 30秒後，留在微波爐內15分鐘，使其發酵 (為避免麵團變乾，請放一杯水)。

11 取出杯子，再微波加熱 (500W) 1分30秒〜1分40秒。

培根麥穗麵包

當點心或配葡萄酒都對味。
在家也能輕鬆做出常見的麥穗

芝麻起司貝果

起司恰到好處的鹹味
搭配芝麻的風味，美味倍增。

培根麥穗麵包 ▶整型成麥穗麵包 (P.13)

材料 3個

高筋麵粉 ······················· 100g
┌ 牛奶 ······ 75g (65～85g，依麵粉調整)
A │ 無鹽奶油 ····················· 5g
└ 砂糖 ························· 5g
酵母粉 ·························· 1g
鹽 ···························· 1g
培根 ·························· 2枚
高筋麵粉 (手粉) ················· 適量

事前準備

將2片培根切成3等分 (請依下圖分切)。

1	1	2	─第1片培根
2	3	3	─第2片培根

作法

1　在耐熱容器內倒入A，微波加熱 (500W) 20秒，取出後用打蛋器攪溶奶油和砂糖。

2　待溫度降至接近肌膚的溫度後，加酵母粉混拌，靜置5分鐘。

3　接著加高筋麵粉、鹽，用橡皮刮刀或湯匙拌至無粉粒狀態後，微波加熱 (200W) 30秒。

4　取出後，蓋上蓋子，放在溫暖的地方 (也可放在裝了接近肌膚溫度的熱水的鋼盆內)，靜置15分鐘使其發酵。

5　在砧板上撒些手粉後，取出麵團。麵團表面也撒些手粉，輕輕按壓，擠出空氣。

6　將麵團用刮板切成3等分。

7　麵團表面往下捲收，使表面變得光滑後搓圓，用手指捏緊收口。

8　收口朝下擺好，蓋上擰乾的濕布，靜置3分鐘。

9　把麵團整型成麥穗麵包 (請參閱 P.13)。

10　將麵團連同烤盤紙一起微波加熱 (200W) 30秒後，留在微波爐內15分鐘，使其發酵 (為避免麵團變乾，請放一杯水)。

11　取出杯子，再微波加熱 (500W) 1分30秒～1分40秒。

芝麻起司貝果 ▶整型成貝果 (P.14)

材料 4個

高筋麵粉 ································· 100g

A ┌ 牛奶 ······· 75g (65～85g，依麵粉調整)
　├ 無鹽奶油 ···················· 5g
　└ 砂糖 ······················· 5g
酵母粉 ······························· 1g
鹽 ··································· 1g
黑芝麻 ······························· 3g
加工起司 ···························· 20g
高筋麵粉 (手粉) ··················· 適量

事前準備

加工起司切成5mm丁狀。

作法

1　在耐熱容器內倒入A，微波加熱 (500W) 20秒，取出後用打蛋器攪溶奶油和砂糖。

2　待溫度降至接近肌膚的溫度後，加酵母粉混拌，靜置5分鐘。

3　接著加高筋麵粉、鹽，用橡皮刮刀或湯匙拌至無粉粒狀態。

4　再加黑芝麻和起司，微波加熱 (200W) 30秒。

5　取出後，蓋上蓋子，放在溫暖的地方 (也可放在裝了接近肌膚溫度的熱水的鋼盆內)，靜置15分鐘使其發酵。

6　在砧板上撒些手粉後，取出麵團。麵團表面也撒些手粉，輕輕按壓，擠出空氣。

7　將麵團用刮板切成4等分。

8　麵團表面往下捲收，使表面變得光滑後搓圓，用手指捏緊收口。

9　收口朝下擺好，蓋上擰乾的濕布，靜置3分鐘。

⭐10　把麵團整型成貝果 (請參閱P.14)。

11　電將麵團連同烤盤紙一起微波加熱 (200W) 30秒後，留在微波爐內15分鐘，使其發酵 (為避免麵團變乾，請放一杯水)。

12　取出杯子，再微波加熱 (500W) 1分30秒～1分40秒。

美乃滋火腿麵包

分量感十足，
適合當成早午餐。

鮪魚玉米麵包

柔軟的麵包與
彈牙的玉米粒是絕配。

美乃滋火腿麵包 ▶整型成美乃滋火腿麵包 (P.14)

材料 4個

高筋麵粉	100g
A ┌ 牛奶	75g (65～85g，依麵粉調整)
┤ 無鹽奶油	5g
└ 砂糖	5g
酵母粉	1g
鹽	1g
火腿	4片
美乃滋	適量
香芹	適量
高筋麵粉 (手粉)	適量

事前準備

香芹切成細末。

作法

1　在耐熱容器內倒入A，微波加熱 (500W) 20秒，取出後用打蛋器攪溶奶油和砂糖。

2　待溫度降至接近肌膚的溫度後，加酵母粉混拌，靜置5分鐘。

3　接著加高筋麵粉、鹽，用橡皮刮刀或湯匙拌至無粉粒狀態後，微波加熱 (200W) 30秒。

4　取出後，蓋上蓋子，放在溫暖的地方 (也可放在裝了接近肌膚溫度的熱水的鋼盆內)，靜置15分鐘使其發酵。

5　在砧板上撒些手粉後，取出麵團。麵團表面也撒些手粉，輕輕按壓，擠出空氣。

6　將麵團用刮板切成4等分。

7　麵團表面往下捲收，使表面變得光滑後搓圓，用手指捏緊收口。

8　收口朝下擺好，蓋上擰乾的濕布，靜置3分鐘。

☆9　把麵團整型成美乃滋火腿麵包 (請參閱P.14)。

10　將麵團連同烤盤紙一起微波加熱 (200W) 30秒後，留在微波爐內15分鐘，使其發酵 (為避免麵團變乾，請放一杯水)。

11　取出杯子，再微波加熱 (500W) 1分30秒～1分40秒。

12　大略放涼後，擠上美乃滋，撒些香芹末。

鮪魚玉米麵包 ▶整型成肉桂捲 (P.16)

材料 6個

高筋麵粉 ···································· 100g

A ┌ 牛奶 ······ 75g (65～85g，依麵粉調整)
　├ 無鹽奶油 ···························· 5g
　└ 砂糖 ································ 5g

酵母粉 ··································· 1g
鹽 ····································· 1g
鮪魚罐頭 ······························· 30g
玉米粒 ································· 30g
黑胡椒 ································· 適量
高筋麵粉 (手粉) ························ 適量

事前準備

備妥6個耐熱紙杯。

作法

1　在耐熱容器內倒入A，微波加熱 (500W) 20秒，取出後用打蛋器攪溶奶油和砂糖。

2　待溫度降至接近肌膚的溫度後，加酵母粉混拌，靜置5分鐘。

3　接著加高筋麵粉、鹽，用橡皮刮刀或湯匙拌至無粉粒狀態後，微波加熱 (200W) 30秒。

4　取出後，蓋上蓋子，放在溫暖的地方 (也可放在裝了接近肌膚溫度的熱水的鋼盆內)，靜置15分鐘使其發酵。

5　在砧板上撒些手粉後，取出麵團。麵團表面也撒些手粉，輕輕按壓，擠出空氣。

6　麵團表面往下捲收，使表面變得光滑後搓圓，用手指捏緊收口。

7　收口朝下擺好，蓋上擰乾的濕布，靜置3分鐘。

☆8　把麵團整型成肉桂捲 (請參閱 P.16)，步驟2的肉桂糖換成鮪魚和玉米粒。

9　將麵團連同烤盤紙一起微波加熱 (200W) 30秒後，留在微波爐內15分鐘，使其發酵 (為避免麵團變乾，請放一杯水)。

10　取出杯子，再微波加熱 (500W) 1分30秒～1分40秒。

11　撒上黑胡椒即完成。

熱狗捲

麵團捲上熱狗做成的
基本款輕食麵包。

手撕麵包

揉成小圓排成花朵的形狀，
大家一起共享的好滋味。

熱狗捲 ▶整型成條狀麵包 (P.15)

材料 4個

高筋麵粉 ……………………………… 100g

A ┌ 牛奶 …… 75g (65～85g，依麵粉調整)
　├ 無鹽奶油 ………………………… 5g
　└ 砂糖 …………………………………… 5g

酵母粉 …………………………………… 1g

鹽 ………………………………………… 1g

熱狗 …………………………………… 4條

高筋麵粉 (手粉) ……………………… 適量

事前準備

用牙籤在熱狗表面戳幾個洞。

作法

1 在耐熱容器內倒入A，微波加熱 (500W) 20秒，取出後用打蛋器攪溶奶油和砂糖。

2 待溫度降至接近肌膚的溫度後，加酵母粉混拌，靜置5分鐘。

3 接著加高筋麵粉、鹽，用橡皮刮刀或湯匙拌至無粉粒狀態後，微波加熱 (200W) 30秒。

4 取出後，蓋上蓋子，放在溫暖的地方 (也可放在裝了接近肌膚溫度的熱水的鋼盆內)，靜置15分鐘使其發酵。

5 在砧板上撒些手粉後，取出麵團。麵團表面也撒些手粉，輕輕按壓，擠出空氣。

6 將麵團用刮板切成4等分。

7 麵團表面往下捲收，使表面變得光滑後搓圓，用手指捏緊收口。

8 收口朝下擺好，蓋上擰乾的濕布，靜置3分鐘。

9 把麵團整型成條狀麵包 (請參閱 P.15)。

10 將麵團連同烤盤紙一起微波加熱 (200W) 30秒後，留在微波爐內15分鐘，使其發酵 (為避免麵團變乾，請放一杯水)。

11 取出杯子，再微波加熱 (500W) 1分30秒～1分40秒。

手撕麵包 ▶整型成手撕麵包 (P.16)

材料 1個

高筋麵粉 ·························· 100g
┌ 牛奶 ······ 65g (55～75g，依麵粉調整)
A │ 無鹽奶油 ························ 10g
└ 砂糖 ···························· 10g
酵母粉 ···························· 1g
鹽 ······························· 1g
高筋麵粉 (手粉) ··················· 適量

作法

1 在耐熱容器內倒入A，微波加熱 (500W) 20秒，取出後用打蛋器攪溶奶油和砂糖。

2 待溫度降至接近肌膚的溫度後，加酵母粉混拌，靜置5分鐘。

3 接著加高筋麵粉、鹽，用橡皮刮刀或湯匙拌至無粉粒狀態後，微波加熱 (200W) 30秒。

4 取出後，蓋上蓋子，放在溫暖的地方 (也可放在裝了接近肌膚溫度的熱水的鋼盆內)，靜置15分鐘使其發酵。

5 在砧板上撒些手粉後，取出麵團。麵團表面也撒些手粉，輕輕按壓，擠出空氣。

6 將麵團用刮板切成8等分。

7 麵團表面往下捲收，使表面變得光滑後搓圓，用手指捏緊收口。

8 收口朝下擺好，蓋上擰乾的濕布，靜置3分鐘。

9 把麵團整型成手撕麵包 (請參閱 P.16)。

10 將麵團連同烤盤紙一起微波加熱 (200W) 30秒後，留在微波爐內15分鐘，使其發酵 (為避免麵團變乾，請放一杯水)。

11 取出杯子，再微波加熱 (500W) 1分30秒～1分40秒。

巧克力麵包

黑糖麵包

活用黑糖的風味，
做成日式甜口味三明治也很不錯。

巧克力麵包 ▶整型成貝果 (P.14)

▶整型成貝果 (P.14)

材料 4個

高筋麵粉 ································· 100g
┌ 牛奶 ······ 65g (55～75g，依麵粉調整)
A │ 無鹽奶油 ·························· 10g
└ 砂糖 ······························ 10g
酵母粉 ································· 1g
鹽 ···································· 1g
巧克力碎 ······························ 20g
高筋麵粉 (手粉) ···················· 適量

作法

1 在耐熱容器內倒入A，微波加熱 (500W) 20秒，取出後用打蛋器攪溶奶油和砂糖。

2 待溫度降至接近肌膚的溫度後，加酵母粉混拌，靜置5分鐘。

3 接著加高筋麵粉、鹽，用橡皮刮刀或湯匙拌至無粉粒狀態後，微波加熱 (200W) 30秒。

4 取出後，蓋上蓋子，放在溫暖的地方 (也可放在裝了接近肌膚溫度的熱水的鋼盆內)，靜置15分鐘使其發酵。

5 在砧板上撒些手粉後，取出麵團。麵團表面也撒些手粉，輕輕按壓，擠出空氣。

6 將麵團用刮板切成4等分。

7 麵團表面往下捲收，使表面變得光滑後搓圓，用手指捏緊收口。

8 收口朝下擺好，蓋上擰乾的濕布，靜置3分鐘。

☆9 把麵團整型成貝果 (請參閱P.14)，步驟 1 壓扁麵團後，放上1/4量的巧克力碎。

10 將麵團連同烤盤紙一起微波加熱 (200W) 30秒後，留在微波爐內15分鐘，使其發酵 (為避免麵團變乾，請放一杯水)。

11 取出杯子，再微波加熱 (500W) 1分30秒～1分40秒。

黑糖麵包 ▶整型成辮子麵包 (P.15)

材料 1個

高筋麵粉 ·································· 100g
┌ 牛奶 ······ 65g (55～75g，依麵粉調整)
A │ 無鹽奶油 ································· 10g
└ 黑糖 ··································· 15g
酵母粉 ···································· 1g
鹽 ······································· 1g
高筋麵粉 (手粉) ························ 適量

作法

1　在耐熱容器內倒入A，微波加熱 (500W) 20秒，取出後用打蛋器攪溶奶油和黑糖。

2　待溫度降至接近肌膚的溫度後，加酵母粉混拌，靜置5分鐘。

3　接著加高筋麵粉、鹽，用橡皮刮刀或湯匙拌至無粉粒狀態後，微波加熱 (200W) 30秒。

4　取出後，蓋上蓋子，放在溫暖的地方 (也可放在裝了接近肌膚溫度的熱水的鋼盆內)，靜置15分鐘使其發酵。

5　在砧板上撒些手粉後，取出麵團。麵團表面也撒些手粉，輕輕按壓，擠出空氣。

6　將麵團用刮板切成3等分。

7　麵團表面往下捲收，使表面變得光滑後搓圓，用手指捏緊收口。

8　收口朝下擺好，蓋上擰乾的濕布，靜置3分鐘。

☆9　把麵團整型成辮子麵包 (請參閱P.15)。

10　將麵團連同烤盤紙一起微波加熱 (200W) 30秒後，留在微波爐內15分鐘，使其發酵 (為避免麵團變乾，請放一杯水)。

11　取出杯子，再微波加熱 (500W) 1分50秒～2分鐘。

紅豆麵包

麵包店的長銷商品，
溫醇香甜的暖心滋味。

肉桂捲

捲入滿滿肉桂糖的
甜蜜香氣也很吸引人。

紅豆麵包 ▶整型成包餡麵包 (P.15)

材料 4個

高筋麵粉	100g
┌ 牛奶	65g (55〜75g，依麵粉調整)
A 無鹽奶油	10g
└ 砂糖	10g
酵母粉	1g
鹽	1g
市售紅豆粒餡	100g
黑芝麻	適量
高筋麵粉 (手粉)	適量

作法

1　在耐熱容器內倒入A，微波加熱 (500W) 20秒，取出後用打蛋器攪溶奶油和砂糖。

2　待溫度降至接近肌膚的溫度後，加酵母粉混拌，靜置5分鐘。

3　接著加高筋麵粉、鹽，用橡皮刮刀或湯匙拌至無粉粒狀態後，微波加熱 (200W) 30秒。

4　取出後，蓋上蓋子，放在溫暖的地方 (也可放在裝了接近肌膚溫度的熱水的鋼盆內)，靜置15分鐘使其發酵。

5　在砧板上撒些手粉後，取出麵團。麵團表面也撒些手粉，輕輕按壓，擠出空氣。

6　將麵團用刮板切成4等分。

7　麵團表面往下捲收，使表面變得光滑後搓圓，用手指捏緊收口。

8　收口朝下擺好，蓋上擰乾的濕布，靜置3分鐘。

9　把麵團整型成包餡麵包 (請參閱 P.15)。

10　將麵團連同烤盤紙一起微波加熱 (200W) 30秒後，留在微波爐內15分鐘，使其發酵 (為避免麵團變乾，請放一杯水)。

11　取出杯子，在麵包表面刷塗薄薄一層水 (材料分量外)、撒上黑芝麻，微波加熱 (500W) 1分30秒〜1分40秒。

肉桂捲 ▶整型成肉桂捲 (P.16)

材料 6個杯子

高筋麵粉 ·························· 100g
```
┌ 牛奶 ······ 65g (55～75g，依麵粉調整)
A│ 無鹽奶油 ························ 10g
└ 砂糖 ···························· 10g
```
酵母粉 ································ 1g
鹽 ···································· 1g
高筋麵粉 (手粉) ················· 適量
(肉桂糖)
　肉桂粉 ·························· 1g
　細砂糖 ························· 18g
(糖霜)
　糖粉 ····························· 25g
　牛奶 ······················ 15～20g

事前準備

備妥6個耐熱紙杯。
肉桂粉和細砂糖拌合。

作法

1　在耐熱容器內倒入A，微波加熱 (500W) 20秒，取出後用打蛋器攪溶奶油和砂糖。

2　待溫度降至接近肌膚的溫度後，加酵母粉混拌，靜置5分鐘。

3　接著加高筋麵粉、鹽，用橡皮刮刀或湯匙拌至無粉粒狀態後，微波加熱 (200W) 30秒。

4　取出後，蓋上蓋子，放在溫暖的地方 (也可放在裝了接近肌膚溫度的熱水的鋼盆內)，靜置15分鐘使其發酵。

5　在砧板上撒些手粉後，取出麵團。麵團表面也撒些手粉，輕輕按壓，擠出空氣。

6　麵團表面往下捲收，使表面變得光後搓圓，用手指捏緊收口。

7　收口朝下擺好，蓋上擰乾的濕布，靜置3分鐘。

☆8　把麵團整型成肉桂捲 (請參閱P.16)。

9　將麵團連同烤盤紙一起微波加熱 (200W) 30秒後，留在微波爐內15分鐘，使其發酵 (為避免麵團變乾，請放一杯水)。

10　取出杯子，再微波加熱 (500W) 1分30秒～1分40秒。

11　大略放涼後，把糖粉和牛奶少量混拌做成糖霜，用湯匙淋在表面。

抹茶甘納豆麵包

只要混拌抹茶和麵粉，
做出來的麵包賞心悅目又美味。

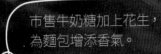

市售牛奶糖加上花生，
為麵包增添香氣。

焦糖花生麵包捲

抹茶甘納豆麵包 ▶整型成單結麵包 (P.15)

材料　4個

高筋麵粉 ······················· 100g
A ┌ 牛奶 ······ 70g (60～80g，依麵粉調整)
　├ 無鹽奶油 ······················ 10g
　└ 砂糖 ·························· 10g
酵母粉 ···························· 1g
鹽 ······························· 1g
抹茶 ····························· 2g
甘納豆 ··························· 20g
高筋麵粉 (手粉) ················· 適量

作法

1 在耐熱容器內倒入A，微波加熱
(500W) 20秒，取出後用打蛋器攪
溶奶油和砂糖。

2 待溫度降至接近肌膚的溫度後，加
酵母粉混拌，靜置5分鐘。

3 接著加高筋麵粉、鹽、抹茶，用橡
皮刮刀或湯匙拌至無粉粒狀態。

4 再加甘納豆拌勻，微波加熱
(200W) 30秒。

5 取出後，蓋上蓋子，放在溫暖的地
方 (也可放在裝了接近肌膚溫度的
熱水的鋼盆內)，靜置15分鐘使其
發酵。

6 在砧板上撒些手粉後，取出麵團。
麵團表面也撒些手粉，輕輕按壓，
擠出空氣。

7 將麵團用刮板切成4等分。

8 麵團表面往下捲收，使表面變得光
滑後搓圓，用手指捏緊收口。

9 收口朝下擺好，蓋上擰乾的濕布，
靜置3分鐘。

10 把麵團整型成單結麵包 (請參閱
P.15)。

11 將麵團連同烤盤紙一起微波加熱
(200W) 30秒後，留在微波爐內15
分鐘，使其發酵 (為避免麵團變乾，
請放一杯水)。

12 取出杯子，再微波加熱 (500W) 1分
30秒～1分40秒。

焦糖花生麵包捲 ▶整型成麵包捲 (P.12)

材料 4個

高筋麵粉	100g
┌ 牛奶	65g (55〜75g，依麵粉調整)
A 無鹽奶油	10g
└ 砂糖	10g
酵母粉	1g
鹽	1g
市售牛奶糖	4個 (1個3g)
花生	10g
高筋麵粉 (手粉)	適量

事前準備

牛奶糖和花生大略切碎。

作法

1 在耐熱容器內倒入A，微波加熱 (500W) 20秒，取出後用打蛋器攪溶奶油和砂糖。

2 待溫度降至接近肌膚的溫度後，加酵母粉混拌，靜置5分鐘。

3 接著加高筋麵粉、鹽，用橡皮刮刀或湯匙拌至無粉粒狀態後，微波加熱 (200W) 30秒。

4 取出後，蓋上蓋子，放在溫暖的地方 (也可放在裝了接近肌膚溫度的熱水的鋼盆內)，靜置15分鐘使其發酵。

5 在砧板上撒些手粉後，取出麵團。麵團表面也撒些手粉，輕輕按壓，擠出空氣。

6 將麵團用刮板切成4等分。

7 麵團表面往下捲收，使表面變得光滑後搓圓，用手指捏緊收口。

8 收口朝下擺好，蓋上擰乾的濕布，靜置3分鐘。

9 把麵團整型成麵包捲 (請參閱 P.12)，步驟 2 從靠近自己這一側往上2/3處均勻鋪放1/4量的牛奶糖和花生，由長邊往短邊捲起。

10 電將麵團連同烤盤紙一起微波加熱 (200W) 30秒後，留在微波爐內15分鐘，使其發酵 (為避免麵團變乾，請放一杯水)。

11 取出杯子，再微波加熱 (500W) 1分30秒〜1分40秒。

黃豆粉麵包

混合蜂蜜的黃豆粉
讓麵包變超好吃。

奶油麵包

濃醇不甜膩的卡士達醬，
口感也相當滑順。

黃豆粉麵包 ▶整型成美乃滋火腿麵包 (P.14)

材料 4個

高筋麵粉	100g
┌ 牛奶	65g (55～75g，依麵粉調整)
A 無鹽奶油	10g
└ 砂糖	10g
酵母粉	1g
鹽	1g
蜂蜜	10g
黃豆粉	5g
黃豆粉 (表面裝飾用)	適量
高筋麵粉 (手粉)	適量

作法

1　在耐熱容器內倒入A，微波加熱 (500W) 20秒，取出後用打蛋器攪溶奶油和砂糖。

2　待溫度降至接近肌膚的溫度後，加酵母粉混拌，靜置5分鐘。

3　接著加高筋麵粉、鹽，用橡皮刮刀或湯匙拌至無粉粒狀態後，微波加熱 (200W) 30秒。

4　取出後，蓋上蓋子，放在溫暖的地方 (也可放在裝了接近肌膚溫度的熱水的鋼盆內)，靜置15分鐘使其發酵。

5　在砧板上撒些手粉後，取出麵團。麵團表面也撒些手粉，輕輕按壓，擠出空氣。

6　將麵團用刮板切成4等分。

7　麵團表面往下捲收，使表面變得光滑後搓圓，用手指捏緊收口。

8　收口朝下擺好，蓋上擰乾的濕布，靜置3分鐘。

9　把麵團整型成美奶滋火腿麵包 (請參閱P.14)，步驟 3 的火腿換成塗抹1/4量的蜂蜜、鋪放1/4量的黃豆粉，從靠近自己的這一側往上捲。

10　將麵團連同烤盤紙一起微波加熱 (200W) 30秒後，留在微波爐內15分鐘，使其發酵 (為避免麵團變乾，請放一杯水)。

11　取出杯子，再微波加熱 (500W) 1分30秒～1分40秒。

12　大略放涼後，撒上黃豆粉。

奶油麵包　▶整型成包餡麵包 (P.15)

材料 4個分

高筋麵粉 ····································· 100g
A ┌ 牛奶 ······ 65g (55～75g，依麵粉調整)
　├ 無鹽奶油 ····························· 10g
　└ 砂糖 ································· 10g
酵母粉 ·································· 1g
鹽 ····································· 1g
高筋麵粉 (手粉) ······················· 適量
(卡士達醬：方便製作的分量約300g)
　蛋 ·································· 1個
　低筋麵粉 ··························· 15g
　牛奶 ····························· 150g
　細砂糖 ···························· 50g
　　　　　※ 若是用砂糖則為　38g

事前準備

製作卡士達醬。

1　把蛋打入耐熱碗內攪散，加入細砂糖，用打蛋器攪拌至泛白。

2　篩入低筋麵粉混拌，少量地加牛奶，拌至柔滑狀態。

3　輕輕覆蓋保鮮膜，微波加熱 (500W) 1分鐘。取出後，用打蛋器拌至柔滑狀態。

4　再輕輕蓋上保鮮膜，微波加熱 (500W) 1分鐘。取出後，用打蛋器拌至柔滑狀態。大略放涼後，用保鮮膜包覆貼緊表面，放進冰箱冷藏。

作法

1　在耐熱容器內倒入A，微波加熱 (500W) 20秒，取出後用打蛋器攪溶奶油和砂糖。

2　待溫度降至接近肌膚的溫度後，加酵母粉混拌，靜置5分鐘。

3　接著加高筋麵粉、鹽，用橡皮刮刀或湯匙拌至無粉粒狀態後，微波加熱 (200W) 30秒。

4　取出後，蓋上蓋子，放在溫暖的地方 (也可放在裝了接近肌膚溫度的熱水的鋼盆內)，靜置15分鐘使其發酵。

5　在砧板上撒些手粉後，取出麵團。麵團表面也撒些手粉，輕輕按壓，擠出空氣。

6　將麵團用刮板切成4等分。

7　麵團表面往下捲收，使表面變得光滑後搓圓，用手指捏緊收口。

8　收口朝下擺好，蓋上擰乾的濕布，靜置3分鐘。

☆9　把麵團整型成包餡麵包 (請參閱 P.15)，步驟 2 的餡料換成20～30g 的卡士達醬。

10　將麵團連同烤盤紙一起微波加熱 (200W) 30秒後，留在微波爐內15分鐘，使其發酵 (為避免麵團變乾，請放一杯水)。

11　取出杯子，再微波加熱 (500W) 1分 30秒～1分40秒。

整型麵包的變化版

炸麵包

紅豆奶油麵包

熱狗堡

夾入配料，下鍋油炸改變口感。

用橄欖形餐包製作

作法請參閱 P.10、11

熱狗堡

材料 2個

原味橄欖形餐包 ……… 2個
熱狗 …………………… 2條
萵苣 …………………… 適量
沙拉油 ………………… 少許
美乃滋 ………………… 適量
芥末籽醬 ……………… 適量
番茄醬 ………………… 適量

作法

1　在平底鍋內倒沙拉油加熱，將劃入切痕的熱狗下鍋，邊煎邊翻面，煎至上色。

2　餐包表面縱切一刀，塗抹美乃滋，夾入萵苣和熱狗。

3　擠上芥末籽醬和番茄醬。

紅豆奶油麵包

材料 2個

原味橄欖形餐包 ……… 2個
市售紅豆粒餡 ………… 適量
奶油
（請選擇喜歡的種類）適量

作法

1　餐包表面縱切一刀。

2　夾入紅豆粒餡和奶油。

炸麵包

材料 2個

原味橄欖形餐包 ……… 2個
黃豆粉 ………………… 1大匙
砂糖 …………………… 1大匙
沙拉油 ………………… 適量

作法

1　在小平底鍋內倒入約5mm高的沙拉油，餐包下鍋，邊炸邊翻面，炸約20～30秒。

2　瀝乾油分，將餐包放入混合黃豆粉和砂糖的淺盤內沾裹均勻。

披薩

只要擺上配料，烤至上色即完成。

用口袋餐包製作

作法請參閱 P.60

披薩

材料 2個

口袋麵包	2片
番茄醬汁	2大匙
洋蔥（切成薄片）	適量
披薩用起司絲	30g
羅勒葉	適量

作法

1. 在麵包上塗抹番茄醬汁，依序擺放洋蔥片和起司絲。

2. 放入烤箱烤4～5分鐘，烤至上色後，擺上羅勒葉。

除了這個搭配，試著用喜歡的配料做做看其他口味。

愛　生　活　　　0　6　5

Q軟的微波爐麵包，35分鐘輕鬆做！——新手也能在家重現麵包店的好滋味

いただきます！まで35分 毎日食べたい電子レンジの「もちふわ」パン

國家圖書館出版品預行編目 (CIP) 資料

Q軟的微波爐麵包，35分鐘輕鬆做！——新手也能在家重現麵包店的好滋味 /
大坊香緒里（だいぼうかおり）著 . -- 初版 . -- 台北市：健行文化出版事業有限
公司出版：九歌出版社有限公司發行, 2022.06　　面；　公分 . --（愛生活；65）
ISBN 978-626-95743-9-1(平裝)
1.CST: 點心食譜 2.CST: 麵包
427.16　　　　　　　　　　　　　　　111005998

作　　　者 —— 大坊香緒里
整體搭配 —— 大坊香緒里
烹調助理 —— 松田智香、加東幸惠
譯　　　者 —— 連雪雅
責任編輯 —— 曾敏英
發 行 人 —— 蔡澤蘋
出　　　版 —— 健行文化出版事業有限公司
　　　　　　　台北市 105 八德路 3 段 12 巷 57 弄 40 號
　　　　　　　電話 / 02-25776564・傳真 / 02-25789205
　　　　　　　郵政劃撥 / 0112295-1

九歌文學網　www.chiuko.com.tw

印　　　刷 —— 前進彩藝有限公司
法律顧問 —— 龍躍天律師・蕭雄淋律師・董安丹律師
發　　　行 —— 九歌出版社有限公司
　　　　　　　台北市 105 八德路 3 段 12 巷 57 弄 40 號
　　　　　　　電話 / 02-25776564・傳真 / 02-25789205

初　　　版 —— 2022 年 6 月
定　　　價 —— 320 元
書　　　號 —— 0207065
Ｉ Ｓ Ｂ Ｎ —— 978-626-95743-9-1

ITADAKIMASU！MADE 35-FUN
MAINICHI TABETAI DENSHI RENJI NO" MOCHIFUWA" PAN
BY Kaori DAIBO
Photographs by Shusaku JO
First original Japanese edition published by PHP Institute, Inc., Japan.
Traditional Chinese translation rights arranged with PHP Institute, Inc.
through Bardon-Chinese Media Agency
Chinese (in Complex character only) translation copyrights © 2022 by
Chien Hsing publishing Co., Ltd